画给孩子的自然通识课
动物感官，敏锐又准确

童心 编绘

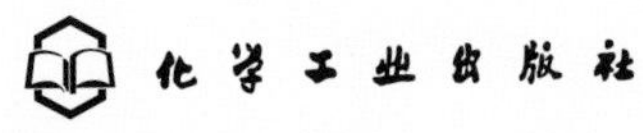

·北京·

图书在版编目（CIP）数据

动物感官，敏锐又准确 / 童心编绘．—北京：化学工业出版社，2024.7
（画给孩子的自然通识课）
ISBN 978-7-122-45489-8

Ⅰ．①动… Ⅱ．①童… Ⅲ．①动物－感觉器官－儿童读物 Ⅳ．①Q954.53-49

中国国家版本馆 CIP 数据核字（2024）第 080514 号

DONGWU GANGUAN，MINRUI YOU ZHUNQUE

动物感官，敏锐又准确

责任编辑：隋权玲　　装帧设计：宁静静

责任校对：王鹏飞

出版发行：化学工业出版社（北京市东城区青年湖南街 13 号　邮政编码 100011）
印　　装：北京宝隆世纪印刷有限公司
880mm×1230mm　1/24　印张2　字数20千字　　2024年7月北京第1版第1次印刷

购书咨询：010-64518888　　售后服务：010-64518899
网　　址：http://www.cip.com.cn
凡购买本书，如有缺损质量问题，本社销售中心负责调换。

定　　价：16.80 元　

目 录

01 特殊的眼睛
02 弱视和感光
04 远距离搜寻
06 黑暗中的眼睛
08 动物眼中的色彩
10 碰触交流
12 水中捕捉声音
14 震动
16 耳朵的位置
18 大耳朵的用途
20 提高警惕
22 奇特的耳朵
24 触须的功能
26 灵敏的嗅觉
28 特殊的味觉和嗅觉
30 温度感知能力
32 紧紧相拥
34 变换色彩
36 重力
38 磁场和电场
40 压力
42 平衡感

这条比目鱼静卧在海底，它身体的颜色和周围环境完美融合，非常不容易被发现。它的双眼警惕地扫视着周围的海域，一旦有小鱼小虾等靠近，就立即将它们捕获。

特殊的眼睛

特殊环境中，动物们必须拥有结构特殊的眼睛，以方便捕食和逃避敌害。

比目鱼是海洋中一种两只眼睛长在身体同一侧的奇特鱼类。但比目鱼特殊的眼睛不是与生俱来的，刚孵化出来的小比目鱼，眼睛在身体两侧，当它长到一定阶段时，其中一只眼睛开始移动，渐渐越过头部的上缘线，移动到头部另一侧，直到接近另一只眼睛为止。比目鱼藏在海底的细沙里伏击猎物，处于身体同一侧的双眼可增加视野的广度，更好地发现猎物和避开捕食者。

不同的分工

狼蛛长着八只眼睛，排成三列，它们各有分工：中间一列的两只大眼睛主要用来锁定目标；后列的两只眼睛主要用来观察体侧和身后环境；上列四只小眼主要负责监测物体的移动。

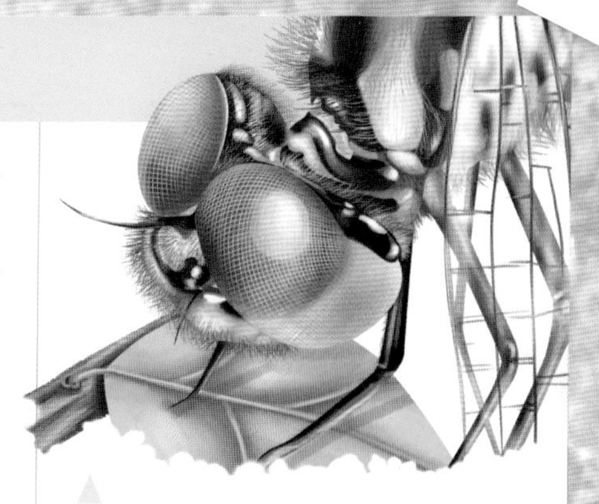

成千上万只眼睛

从外观上看，蜻蜓只长着两只突出的大眼睛，事实上，这两只眼睛是复眼，由无数只小眼睛（单眼）组成。每一只小眼睛都和视觉神经相连，使视野更加开阔。

像触角一样

眼睛长在从头部伸出的长柄上是突眼蝇科昆虫最主要的特征，这样特殊的眼睛结构能够清楚地将周围的变化尽收眼底。

灵活地转动

变色龙的眼睛向外鼓着，呈锥状，眼周有环状褶皱，可以独立向不同的方向转动，在保持身体纹丝不动的情况下，能够清楚地看清周围的环境。

弱视和感光

感受光线的变化

蚌把身体藏在两瓣紧紧扣在一起的贝壳里。它们附着在岩石上，滤食水中的微小生物。在蚌壳的边缘有很多小小的感光点，能够感受光线的明暗变化，当有捕食者的身影掠过时，它们便快速地合拢贝壳。

很多动物天生就缺乏一双敏锐的眼睛。这些动物中的大部分成员是自然界中的较简单的生物，而另一些则是因为眼睛退化才导致几乎什么都看不见。

鼹鼠是我们熟知的一种动物，它的眼睛很小，藏在皮肤下面，视力非常差。鼹鼠在地下穿梭，凭借着敏锐的嗅觉以及感受泥土的震动来觅食。鼹鼠不喜欢暴露在强光下，就连透气也只是在洞口光线较弱的地方。

眼睛变小圆点

盲蛇的眼睛已经退化了，变成了两个小圆点，不能成像，但有很强的感光能力。

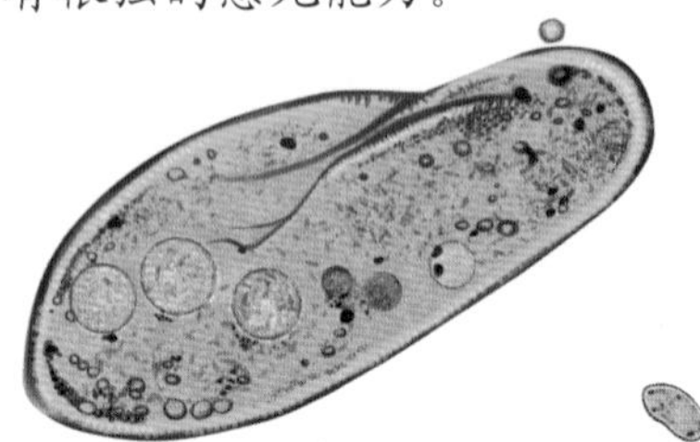

感光细胞

草履虫是一种圆筒形的单细胞原生动物，它们并没有真正的眼睛，但拥有感光细胞，能感受到光线的变化。

喜欢黑暗

蚯蚓没有眼睛，但它能通过皮肤的感光细胞来感知光亮。当蚯蚓晚上在地表上爬行时，只要用手电光一照，它便迅速钻进泥土中。

眼睛退化

盲鱼的祖先常年生活在没有光线或光线极暗的洞穴暗河中，眼睛因无用武之地而退化，但它的其他感觉器官却特别发达，所以盲鱼的捕食能力也非常强。

鼹鼠因为经常生活在地下，所以十分畏惧强光。一旦长时间接触阳光，它的中枢神经就会紊乱，导致各器官运行失调，甚至可能致命。

远距离搜寻

鹰是动物世界中的千里眼，是世界上视力最强的动物之一。鹰在距离地面几百米甚至上千米高的空中飞行，它用敏锐的双眼能观察到地面草丛中轻微的颤动——一只肥胖的野兔正在草丛中窜来窜去。多么美味啊！鹰早已受不了诱惑，咽下口水。它合拢翅膀向下俯冲，准备将这只野兔擒获。

注意动向

秃鹫在高空中翱翔。它们密切地关注着猎豹、狮子以及猎狗群的动向。它们并不在乎猎物捕杀过程有多精彩，而是在乎猎食者能留下多少残羹剩饭。

避光的“泪痕”

猎豹是非洲草原上优秀的猎手。在快速奔跑中牢牢地盯住猎物不是一件容易的事情。从猎豹的眼角沿鼻子两侧一直延伸至嘴角的两条黑色泪痕状毛发，对猎豹视物有很大的帮助，可以减少太阳强光对眼睛的刺激，从而使猎豹的视野更加清晰和宽阔。

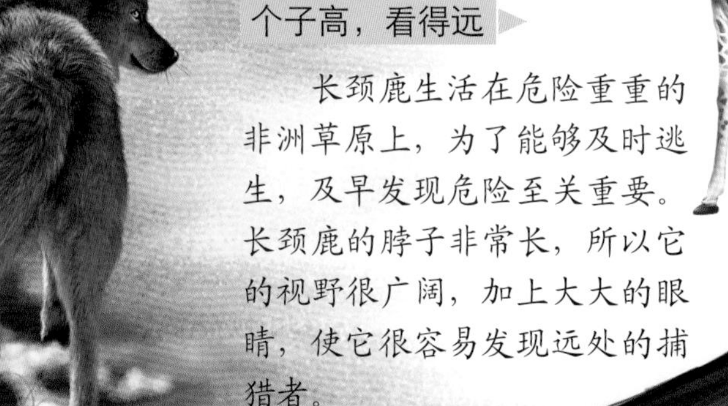

空气中的味道

很多猎食者有敏锐的嗅觉。食草动物的身上会散发出一些气味，尽管不是很浓烈，但猎食者还是能够嗅到。这也能帮它们发现千米之外的猎物。

个子高，看得远

长颈鹿生活在危险重重的非洲草原上，为了能够及时逃生，及早发现危险至关重要。长颈鹿的脖子非常长，所以它的视野很广阔，加上大大的眼睛，使它很容易发现远处的捕猎者。

鹰的视力很好，爪子也很粗壮，并且脚掌上有像砂纸一样粗糙的皮肤，这样便增大了摩擦力，能更牢地抓住猎物。

黑暗中的眼睛

夜空猎手

夜鹰在夜间出来捕食，一双大眼睛在黑暗中闪闪发亮。夜鹰缓慢鼓动翅膀飞翔于树间，用网兜一样的嘴将蚊子和蛾类一网打尽。

黑夜捕食

鼯鼠在夜晚出来活动，能发现远处树上的昆虫，然后靠皮膜翼滑翔而下并将它们捕获。

在黑暗的环境中，人类的眼睛就像被蒙住了一样，无法准确辨别周围的事物，然而，很多动物却在黑夜中变得十分活跃。

眼镜猴是一种极小的灵长类动物，它长着一对特别大的眼睛。如果你在黑夜中见到这种动物，那么你一定会被它的大眼睛吓到。眼镜猴白天躲起来睡大觉，到了晚上才出来捕捉昆虫吃。它的大眼睛能收到更多光线，从而使它在黑夜中能清晰地辨别周围的环境。

大眼睛的深海鱼

深海中的一些生物会发出微弱的光亮，这些光被称为生物发光，而长着大眼睛的深海鱼便能够利用这些光来寻找食物。

变大的瞳孔

猫在夜间出来捕食，它把瞳孔张得很大，聚拢黑暗中微弱的光，所以猫的夜视力非常强。

眼镜猴的双眼特别突出，形状像两个放大的镜片。它眼球的直径能超过 1 厘米，每只眼球重达 3 克，比它的脑子还重。

动物眼中的色彩

动物中只有一些成员能辨别出部分颜色，其中，鸟类辨别色彩的能力较强，而大部分爬行动物和哺乳动物色彩感知能力差，只能识别有限的颜色或完全是色盲。

在无脊椎动物家族中，章鱼具有相当发达的视觉系统。章鱼能够辨别出多种颜色，它看到的世界是彩色的。章鱼是很会伪装和拟态的动物，看清环境和分辨出周围的颜色对它们的生存至关重要。

喜欢亮丽的色彩

雄鸟通过展示其色彩斑斓的羽毛来吸引异性进行交配。鸟类的视觉发达，能辨别出颜色，所以雌鸟能在众多竞争者中选出羽毛最亮、最艳丽的雄鸟。

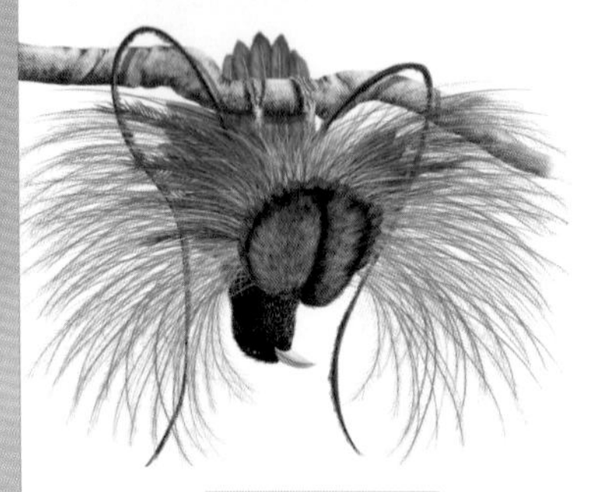

与人所见不同

蜜蜂会对不同颜色的花朵做出不同反应，但它们眼中的颜色和人类所见不同：人类眼中的绿色在蜜蜂的视觉系统中可能不显著，而人类眼中的红色对蜜蜂来说几乎不可见或被感知为暗色。

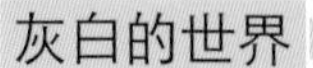

灰白的世界

狗的视觉大约只有人类的四分之三，它能看到蓝色和黄色，却无法像人类那样看到红色、绿色等。当一只花公鸡站在它面前的时候，狗只能看到一个模糊的颜色组合，而不是鲜艳的色彩。

红色对公牛毫无意义

斗牛场上，斗牛士用红布挑逗公牛，公牛疯狂顶撞。公牛对红色很敏感吗？事实上，公牛对色彩的感知力很差。面对晃动的红布和斗牛士的动作，公牛感觉自己受到了威胁，所以才会发动攻击。

在很短的时间内，章鱼就能够改变皮肤颜色变得和周围环境一模一样，从而进行伪装。当受到惊吓的时候，章鱼皮肤的颜色会变得十分鲜艳。章鱼也用变色来和其他章鱼交流。

碰触交流

用声音和摩擦交流

海豚是很聪明的动物，它们在海洋中集群生活。海豚用声音和摩擦身体的方式来与同伴交流。

每年繁殖期一到，成群结队的雌海狮聚集在温暖的海岸上产下自己的孩子。小海狮出生时运动能力很弱，需要妈妈叼着在海岸上移动。海狮妈妈的乳汁富含营养，尤其是脂肪，这对小海狮的成长非常有利。雌海狮产仔后为了补充体力和营养会下海捕食，隔一段时间回来给小海狮喂奶。

海狮妈妈通过独特的声音和身体特征，能够在庞大的海狮群中找到自己的宝宝。当它们重聚时，海狮妈妈会用声音和身体接触来表达对宝宝的关爱和安慰。

联络一下感情

火烈鸟是一种身上披着红色羽毛的鸟，它们生活在湖泊和近海地带。火烈鸟经常把脖子交叉缠绕在一起嬉戏，这是它们联络感情的方式。

标记领地和亲昵

你有接触过小狗吗？它是不是经常在你的身上蹭来蹭去呢？小狗这么做主要是为了标记领地，以及表达亲昵和寻求关注。

增进感情

天鹅夫妇经常用不同的行为来增进感情，有时两喙相触，有时还会两头相靠静静地在水面上漂浮。

海狮妈妈每次通常只产下一个孩子，部分海狮种类可能产下多胎，怀孕期通常在 9 ～ 12 个月之间。海狮妈妈非常珍爱自己的孩子，会尽全力保护和照顾它们。

水中捕捉声音

大部分海洋动物都靠发出的声音和同类或其他动物交流，其中，鲸和它的亲戚海豚是海洋中的“语言大师”。在寂静的夜晚，我们能在平静的海面上听到它们发出的声音，如“吱吱”声、打嗝声、“唧啾”声和婉转的歌唱声等。有时，它们还发出人类无法听到的低频声音。它们发出的不同声音有着不同的含义，这使它们在迁徙的路上不会迷路。围捕猎物时，它们还可以靠声音传递危险和求救信号或者发出攻击指令等。

回声围猎

海豚在围捕猎物的时候，会不断地发出声音，这些声音不仅用于导航，还帮助成员之间保持联系，以保证把握最佳的出击时间。

彼此呼唤

鱼类也能发出声音。像生活在美国大西洋沿岸的石首鱼，它们会在捕食过程中用声音呼唤彼此。而蟾鱼会为了保护卵而发出能听得到的呼噜声和“呱”声。

吵闹的叫声

白鲸能发出几百种声音，这些声音在海面上都能清晰地听到，人们称它们为“海中金丝雀”。

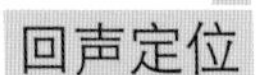

回声定位

江豚有一套绝妙的探路方法：它发出声音，当声波在传播过程中遇见障碍物反射回来时，它根据声波就能知道物体离自己有多远了。

雄性座头鲸常用鳍或尾巴拍打水面制造声音，或跃出海面用身体撞击海面造声，这些声音主要用来吸引雌鲸。

震　动

像死了一样

很多捕食者不喜欢吃死掉的猎物，所以一些甲虫会装死来蒙蔽捕食者。当受到震动惊扰时，甲虫会迅速腿僵直地伸着，就像死了一样。

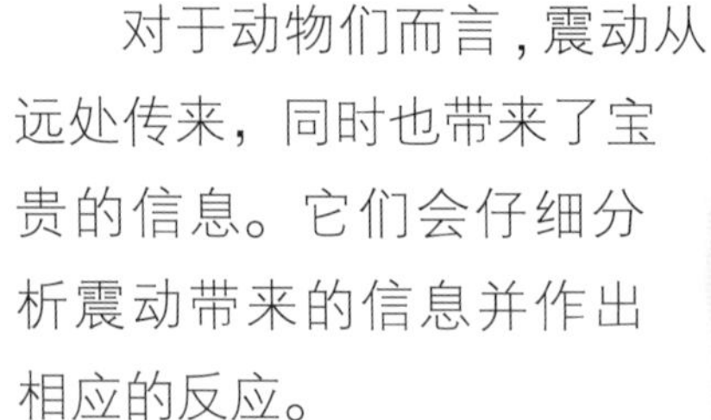

对于动物们而言，震动从远处传来，同时也带来了宝贵的信息。它们会仔细分析震动带来的信息并作出相应的反应。

蝎子的视力不好，它靠螯上的绒毛来感知附近的震动，从而锁定目标的位置。

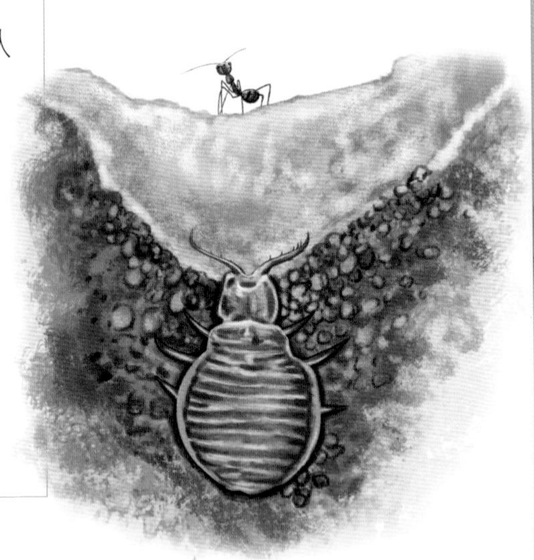

使用陷阱

蚁狮也靠震动捕捉猎物。它在干燥的沙质地表上挖一个漏斗状的陷阱，当小昆虫步入陷阱时，蚁狮会根据沙土震动得知猎物上门了，于是它继续震动沙土，让猎物随流动的沙子滑进陷阱中。

妈妈回来了

当麻雀妈妈带着食物回来降落在巢边时，雏鸟会根据周围的震动断定是妈妈回来了。它们会迫不及待地张开嘴，并发出雏鸟特有的叫声来乞食。

感应震动

蜘蛛把网织好以后，便偷偷地藏起来等待猎物。当蜘蛛感觉到蛛网上的震动时，它会迅速用腿感知并定位猎物，然后沿着蛛丝快速向网中心移动，用蛛丝把猎物缠住。

蝎子的尾巴上长着毒刺，非常锋利。靠近猎物以后，它迅速用螯将猎物夹住，然后尾巴向前弯曲，用毒刺把毒液注入猎物体内。

耳朵的位置

所有动物的耳朵都长在头部吗？答案是否定的。很多动物的耳朵长令人意想不到的地方。

蛇的头部没有外耳也没有耳孔和中耳，因此它不能通过常规方式听到空气中的声音。但蛇有发达的内耳，只要地面上稍有震动，声音就会通过它紧贴地面的肋骨，再经过头部骨骼传到内耳，蛇据此迅速作出反应。

触角听声

蚊子的“耳朵”长在两根触角上。它每根触角的第二节中藏有一个收集声音的器官，能将外界传来的声音传到中枢神经。

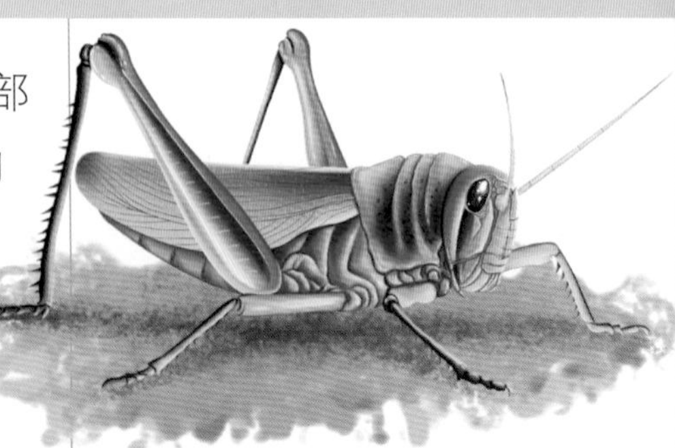

用肚子听

蝗虫的耳朵长在腹部第一节的左右两侧，看上去像是两个半月形的裂口。

长在腿上

蟋蟀的耳朵长在前脚的小腿上，呈裂缝状，叫鼓膜器，里边有特殊的感觉细胞。

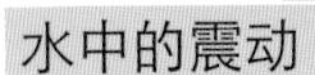

水中的震动

鲤鱼的听觉特别灵敏，因为它的耳朵和鱼鳔通过三块听小骨相连。当水中极为微小的声波振动透过身体传到鱼鳔的时候，会产生共鸣而被放大，从而增强其听力。

“耳朵”在胸腹部

夜蛾的胸部与腹部间有一种叫鼓膜器的听觉器官，其中包含感觉细胞，能够探测超声波。夜蛾就是依靠这种能探测超声波的感觉细胞来躲避蝙蝠的。

蛇在隐蔽、潮湿的杂草丛中休息，当有大型动物出现在附近时，它便迅速逃到更安全的地方。

大耳朵的用途

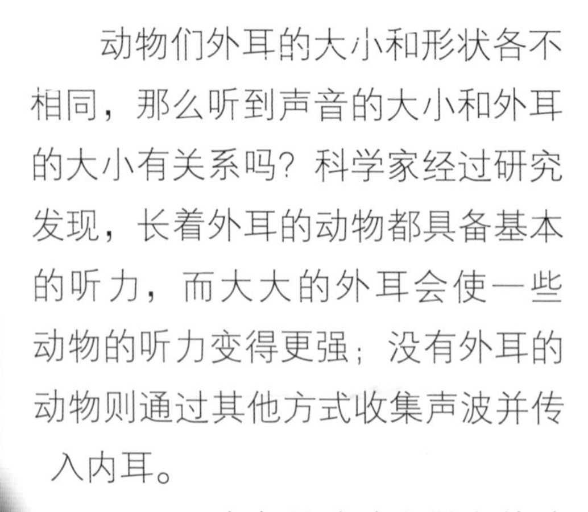

动物们外耳的大小和形状各不相同，那么听到声音的大小和外耳的大小有关系吗？科学家经过研究发现，长着外耳的动物都具备基本的听力，而大大的外耳会使一些动物的听力变得更强；没有外耳的动物则通过其他方式收集声波并传入内耳。

大象是陆地上最大的动物，它的耳朵在其庞大的身躯上显得尤为突出，它能够听到从很远地方传来的声音，比如伙伴或幼象的呼唤声。

能收到细微的声音

大耳蝠的耳朵呈椭圆形，特别大，能够收到更多回声，从而预测出猎物和自己之间的距离以及猎物的大小等。

把耳朵转向不同方向

兔子只要听到一点动静便逃之夭夭，大部分功劳要归功于它的大耳朵。兔子的耳朵可以直立或转动方向，确保不漏掉一点风吹草动。

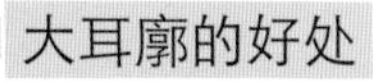

大耳廓的好处

耳廓狐的大耳朵能在黑夜中捕捉微弱的声音，从而使它能轻易地发现猎物。耳廓狐的耳朵还能帮助它散掉体内多余的热量。

耳朵小抗冻

北极狐生活在寒冷的极地，它的耳朵非常小，而且覆盖着厚厚的皮毛，这使它能很好地保存体内的热量。

大象的汗腺不发达，所以在炎热的夏季身体散热很困难。大象的耳朵上没有毛，遍布血管，这样能帮助身体散热。大耳朵还能当扇子用，在炎热的天气里给它带来一阵阵凉风。

提高警惕

同时向不同方向看

变色龙的双眼十分奇特，眼睛可以上下左右转动自如，且左右眼能同时向不同的方向转动。

在危险重重的自然环境中，任何一种动物都很可能会受到捕食者的攻击，所以，无论是在休息的时候，还是在觅食的时候，动物们都要注意观察周围变化，提高警惕。

黑犀牛身体魁梧，四肢粗壮，鼻梁上还长着看上去很危险的尖角。它时刻保持高度警惕，一方面提防捕猎者，一方面小心其他成员入侵领地。黑犀牛的眼睛很小，视野窄，看不远，吃草时，它充分利用嗅觉和听觉仔细地观察周围。

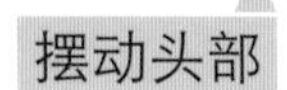

摆动头部

双髻（jì）鲨是海洋中疯狂的掠食者。它头部宽大扁平，像一把锤头。眼睛长在“锤头”的两端，这使它只要稍稍摆动一下头就能看到四周发生的情况。

宽阔的视野

斑马和很多食草动物的眼睛都长在宽阔的头部两侧。这使它们的视野变得很宽阔，低头吃草时，它们不需要抬起头也能清楚地看清周围的情况。

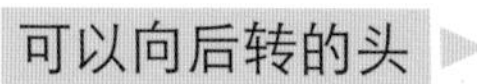

可以向后转的头

猫头鹰的眼睛非常大，但眼球不能像人类一样灵活地转动。猫头鹰长着特殊的颈椎结构，头部可以左右旋转几乎达到 270 度。所以，它只要转动头部就能观察到身后的部分情况。

黑犀牛的鼻梁上长着角，非常坚硬，而且不容易折断。如果角受损，它们可能会部分再生，但这个过程非常缓慢。

奇特的耳朵

动物外耳的大小、形状及内耳的结构都不一样，甚至有的动物没有外耳。很多动物的耳朵非常特别，有的根本不具备耳朵的基本特征。

水母是一种大型浮游生物，整日在大海里随海浪漂浮，居无定所。水母没有真正意义上的耳朵，它们触手中间的细柄上有一个小球，里面有一粒小小的“听石”，这相当于水母的“耳朵”。当快有风暴发生时，“听石”早早地就能捕获信息，从而使水母及时躲避风暴的伤害。

没有外耳廓的鸟类

鸟类没有外耳廓，但它们的内耳结构高度发达，特别是耳蜗，这使得它们能够非常准确地定位声音的来源和方向。鸟类通常通过转动眼睛和颈部来感知和定位声音。

不对称的耳朵

猫头鹰是一种夜行鸟类，它的面部不对称，使得一只耳朵比另一只耳朵更接近嘴巴，这种结构有助于猫头鹰更好地定位声音。

通透的耳朵

壁虎的没有明显的耳廓，两耳之间由一层细软的耳膜分隔，与敏感的中耳相连，因此，从它一侧耳孔向内看时，可能会给人一种“可以穿过另一侧耳孔直接看见外面”的错觉，但实际上耳膜并不是完全通透的。

海狮的小耳朵

为了不增加游水的阻力，很多海洋动物都没有外耳。海狮是个例外，它的头上长着5厘米大小的外耳。

水母必须生活在水中。水母身体里的含水量达98%，所以它们的身体看上去几乎是透明的。

触须的功能

动物和人一样，在日常生活中主要依靠触觉来感知周围的世界。但它们没有非常灵活、敏感的手指，而是使用一些其他感觉器官。

动物有很特殊的触觉感应器——触须。鲇鱼的嘴巴周围长着长长的肉须，很容易让人想起猫，因此大家喜欢称它为“猫鱼”。鲇鱼生活在满是淤泥的河流中，在水中前进的时候，肉须扫过河底来帮助它感知周围的环境变化以及发现食物。

能测量的胡须

在黑夜中，猫用胡须收集信息，感知自己所处的环境，侦测猎物的动向。猫还用胡须测量自己能否通过窄缝和洞，只要两边不会碰到胡须，它就可以轻松通过。

敏感的触须

龙虾的头上有一对长长的多节的触须，不停地摆来摆去，极其敏感，以获取外界的信息。

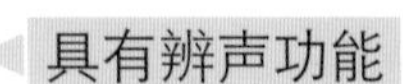

具有辨声功能

胡须是海狮的触觉器官，非常灵敏，不仅能够感知周围的环境，还具有声音感受器的作用，能够接收声音信号。

胡须当眼睛

海象喜欢吃蛤蜊。它用长牙把埋藏在淤泥里的蛤蜊挖出来。此时水变得很浑，它使用胡须来辅助感知和分辨哪个是蛤蜊哪个是泥土。

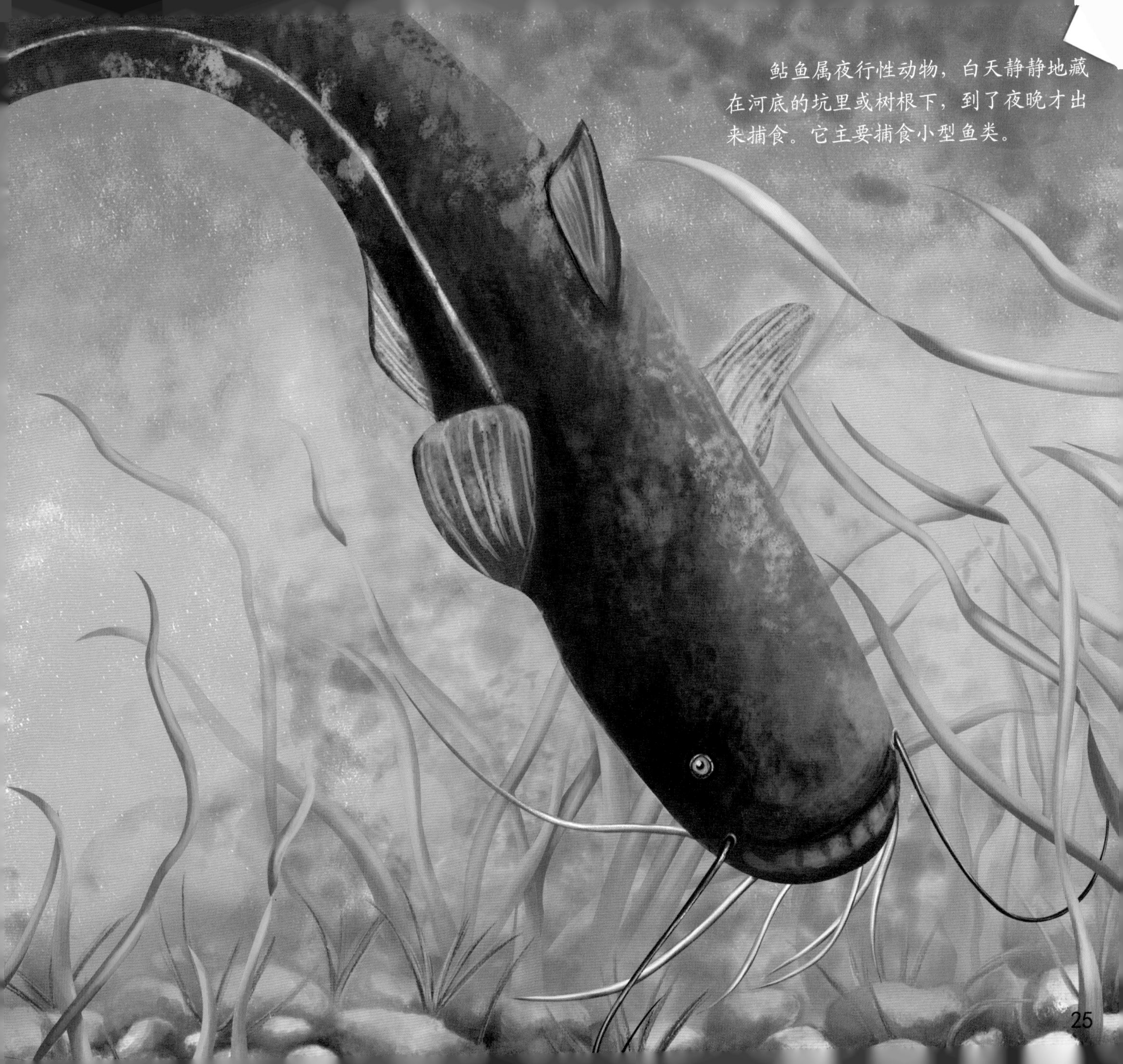

鲇鱼属夜行性动物，白天静静地藏在河底的坑里或树根下，到了夜晚才出来捕食。它主要捕食小型鱼类。

灵敏的嗅觉

对血腥味敏感

鲨鱼的嗅觉非常灵敏，哪怕数千米范围内只有少量血液，鲨鱼都能迅速察觉并作出追踪反应。有些鲨鱼采用“先咬后放”的方式捕捉猎物。它先猛咬猎物一口，然后放开，等猎物失血过多死亡后，再返回吃掉。

空气中飘浮着的气味会传递很多信息，如果动物们想得到这些信息，那么它们必须有灵敏的鼻子。灵敏的嗅觉会帮助动物们找到食物和发现危险。

狗的鼻子很灵，狗有大量的嗅觉细胞，数量约是人类的 45 倍，能分辨出大约 200 万种不同物质发出的浓度气味。

狗一边闻着气味一边往家走。狗在赶路的时候，总是隔一段就用尿液做个标记，因此无论它走多远都能找到回去的路。

对气味做出反应

蝴蝶的嗅觉器官主要分布在触角和腿上。它能靠灵敏的嗅觉循着花香找到香甜的花蜜。

判断食物好坏

松鼠的鼻子很灵敏，只要把坚果拿起来闻一闻，它就能知道哪颗坚果成熟哪颗坚果已经腐坏，甚至还能发现哪颗坚果没有果仁。

凶猛的水虎鱼

水虎鱼是一种极为凶猛的鱼类。在浑浊的河水中，水虎鱼的视力受限，所以它们更依赖震动和嗅觉来寻找食物。

距今大约1.5万年前，人类将灰狼驯化，逐渐演化为今天的狗，并为人类生活服务，狗因此被称为“人类最忠诚的朋友”。

特殊的味觉和嗅觉

动物在生活中都离不开嗅觉和味觉。虽然我们人类的嗅觉系统能辨别出多种气味，但远不如动物的嗅觉灵敏，使用的方法也没有它们多。

科莫多巨蜥，像许多其他爬行动物一样，通常在地面上爬行。在爬行的过程中，它们的舌头不断地伸出来又收回去，品尝周围的味道，以便识别环境和找到吃的东西。

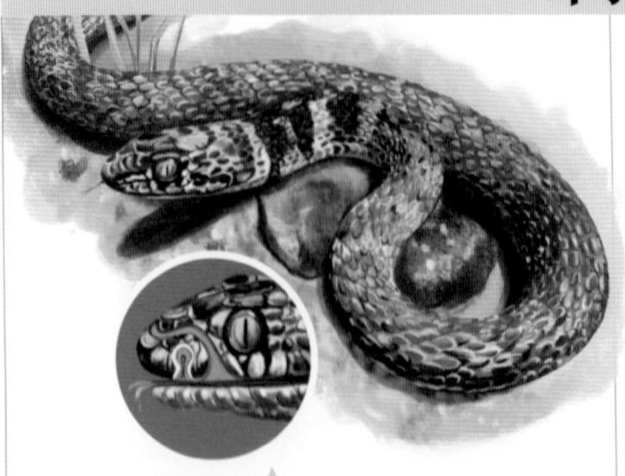

闻味儿的舌头

蛇不断快速地探出舌头来采集空气中、水中和地面上的气味微粒，然后把它们传递到口腔壁上像小坑一样的感觉细胞——雅各布森氏器官。这些采集到的气味微粒能帮助它们定位食物、避开猎食者以及追踪雌性留下的踪迹等。

眼睛近视鼻子灵

熊的视力不佳，它们的嗅觉很灵敏，能闻到空气中细微的气味，包括血腥味，并以此来寻找食物。

综合感受器

昆虫的触角是一个综合感受器，有味觉、触觉、嗅觉和听觉的功能，可以感知到潮湿度、温度、光照和化学刺激等。

用脚品味

苍蝇脚上和嘴上的毛是它的味觉器官。发现食物以后，苍蝇会先用这种特殊的味觉器官品尝一下味道，然后再用海绵嘴吸食。

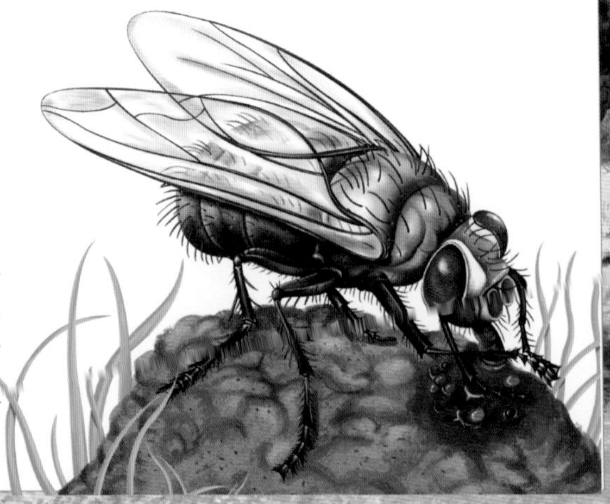

科莫多巨蜥的唾液中含有大量细菌，被它们咬伤的动物会感染而死。而同伴们会嗅着死尸发出的气味找到猎物。

温度感知能力

发现寄主

水蛭对热量和化学信号非常敏感。一旦感知到有恒温动物靠近，水蛭便会迅速而悄无声息地爬到它们身上。

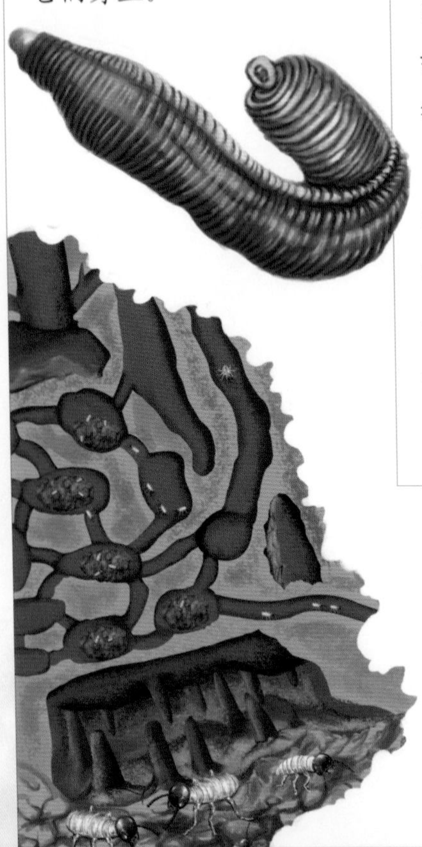

哺乳动物（包括人）都是恒温动物。鸟类也是恒温动物，因为身上披着羽毛，所以在冬天也不会感觉特别寒冷。昆虫、鱼和爬行动物都是变温动物。通常情况下，温度越高，变温动物活动就越活跃。当温度不断降低时，变温动物的行动也会变得迟缓，其中一些种类如蛇、青蛙等可能会选择冬眠来应对严寒。

生活在马达加斯加岛上的环尾狐猴过着群居生活。每天清晨，环尾狐猴就一排排地相邻而坐，摊开前肢，闭上眼睛，尽情地享受早晨的第一缕阳光带来的温暖。这温暖的阳光会帮它们驱除一夜的寒气，使身体变得暖和。

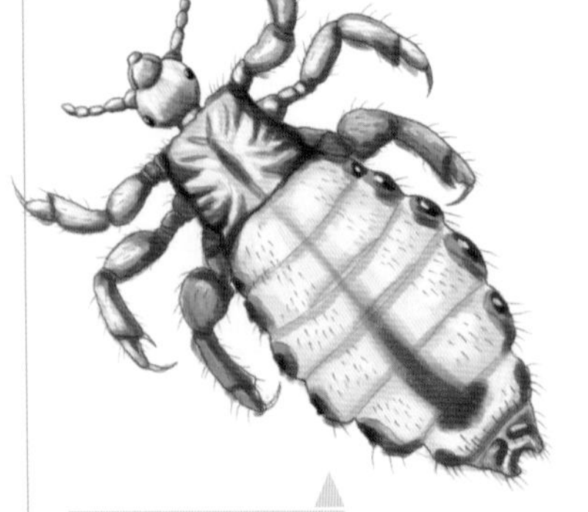

闪电般的反应

虱子能根据温度找到寄主。当虱子感觉到有可供它吸血的动物靠近时，它会瞬间做出反应，跳上去美餐一顿。

空调设备

白蚁冢内部建有进风通道、排气通道和地下排水通道等，就像一套空调设备。新鲜空气从进风口流入，然后沿内部通道扩散到整个蚁冢，而污浊的空气则从另一侧的排气通道排出。

发现要害部位

蛇的身上长着很多对热量敏感的凹槽，能感受到微弱的热量变化。这能帮助它判断猎物的动向，甚至定位动物体内最热的部位——心脏的位置。

环尾狐猴长着一条长尾巴，上面有黑白相间的环状花纹，它们因此而得名。

紧紧相拥

动物很享受相拥的感觉。当面对突如其来的危险和恶劣的自然变化时，动物可能会选择紧紧地挤在一起。

麝牛生活在寒冷的北极苔原地区，包括格陵兰岛、加拿大北部以及俄罗斯的部分地区。它们身上披着厚厚的毛，在平原和多岩石荒地游荡，在严寒的环境中苦苦求生。麝牛的繁殖力很低，很多小麝牛在年幼时就被冻死了，所以麝牛妈妈非常疼爱自己的孩子。绝大多数时间里，麝牛妈妈会和小麝牛靠在一起，这样小麝牛就会感觉温暖一些。

有安全感

狼爸爸和狼妈妈外出捕猎时，小狼会趁机溜出来玩耍，当狐狸等潜在威胁经过时，小狼们会挤在一起，龇牙恐吓对方，这时，它们挤在一起会感觉很安全。

聚集在角落里

我们会发现这样一个现象：冬天，在窗台上或一些温暖的角落里，一些瓢虫挤在一起冬眠。

挤在一起很温暖

小企鹅们在寒冷的南极冬季会紧紧地挤在一起，用彼此的体温互相取暖。

和妈妈在一起

刚刚出生的鸡宝宝对外面的世界感到很陌生，总是偷偷地从妈妈的身体下面探出头来张望。与妈妈在一起，鸡宝宝会感到安全和温暖。

小麝牛出生后不久就能行走。当狼群发动袭击的时候，成年麝牛会头朝外围成一个圈，把小麝牛围在当中保护起来。

变换色彩

与环境保持一致

比目鱼尽量将身体的颜色保持与泥沙的颜色一致，这样猎食者就很难发现它了。

逃避危险

美丽的珊瑚礁吸引了很多海洋居民。为了能够在珊瑚礁中生存，某些珊瑚鱼靠变色和伪装来躲避敌害。它们可以在游动的过程中就完成体色变化，足够以假乱真。

变色龙是动物界中当之无愧的“色彩变化大师”。变色龙的眼睛能准确地辨别出周围环境的色彩，从而不停地变换身体的颜色，使自己融进不同的环境中。变色龙能够改变体色，使自己身体的颜色和周围环境保持一致。在强光下，它会变得很亮，在夜晚则变得暗淡。如果不仔细观察，那么你一定很难发现它，或者错误地认为它是一片树叶或一段枝干。

和季节有关

北极狐会根据季节的变化而换上不同颜色的皮毛。冬天，北极狐的身上披着白色的皮毛，而等夏季到来，北极狐会换上褐色的皮毛。

还能摆造型

章鱼凭借着敏锐的视觉能辨别出周围的色彩。它能变换身体的颜色从而融入周围的环境中。更有趣的是，章鱼还能摆一些造型，让它们看上去像一簇美丽的珊瑚或一堆闪光的砾石。

变色龙前后晃动着身体向前缓慢移动着，看起来更像是在风中摇曳的叶子。它们舌头的长度可以达到甚至超过自己身体长度的 2 倍，其捕食速度快如闪电。

重　力

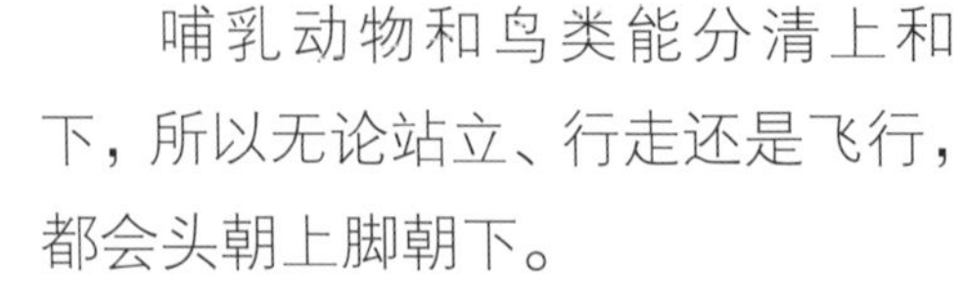

挣脱重力束缚

大雁很善于飞行，它们利用上升的气流提高升力，从而减小重力的束缚。

哺乳动物和鸟类能分清上和下，所以无论站立、行走还是飞行，都会头朝上脚朝下。

蝙蝠是唯一进化出飞行能力的哺乳动物。它们很特别，当休息的时候，蝙蝠是头朝下倒挂着的。不过，它们知道哪里是上哪里是下。蝙蝠也很会利用重力——当它倒挂时，利用身体自然下垂的力量向下拉动肌肉，使爪子牢牢合拢，丝毫不消耗体力。

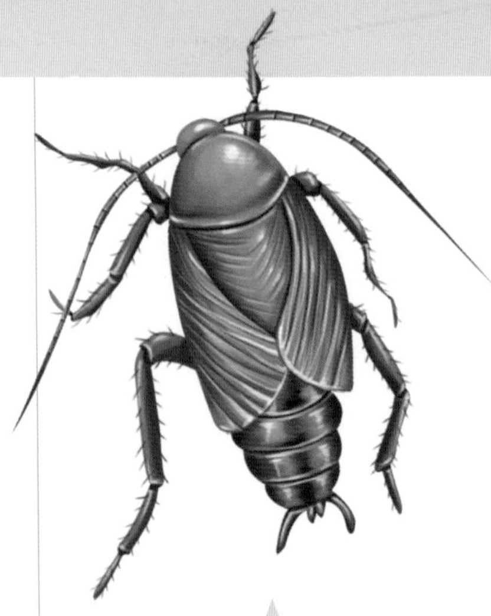

怎样克服重力

蟑螂向上爬行时，它用前脚的脚趾拉，用后脚的脚跟推，用这样的方式来克服重力。

上下颠倒了

如果你把一只甲虫背朝下放置，那么它会立刻挣扎着翻过来。甲虫的身体里长有辨别上下的器官。

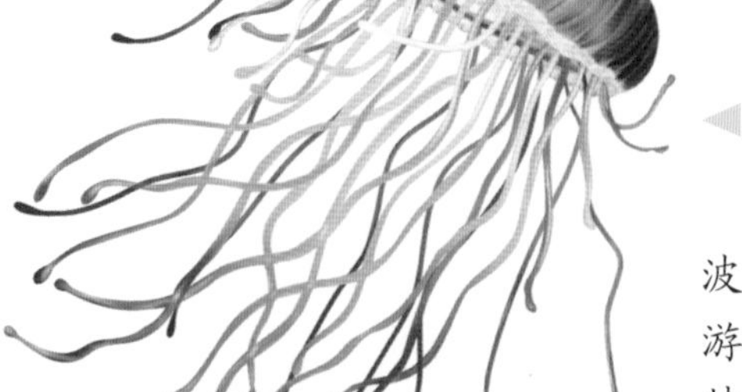

随波逐流

水母只是每天随波逐流，不过，它在游动时能够保持一种特定的身体姿态，通常是伞盖朝上，触手等部分朝下。

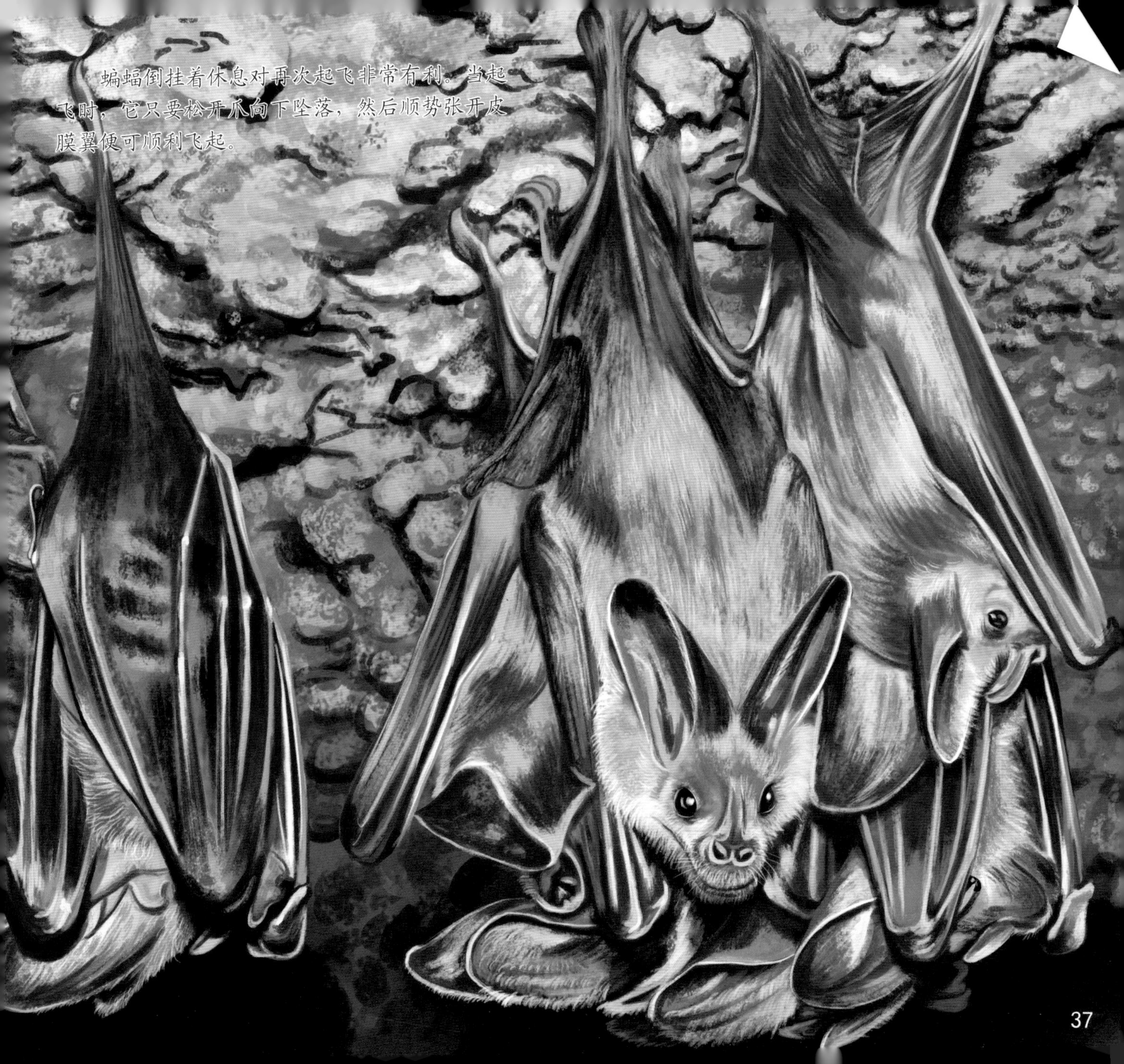

蝙蝠倒挂着休息对再次起飞非常有利。当起飞时，它只要松开爪向下坠落，然后顺势张开皮膜翼便可顺利飞起。

磁场和电场

地球会形成一个大磁场，即地磁场。很多动物靠感应磁场来辨别方向。

鲑鱼是洄游性鱼类。每年的秋季是鲑鱼的繁殖季节，它们集合成大群逆流而上，回到淡水流域产卵。鲑鱼群靠感应地磁场找到正确路线回到淡水中。

电流探路

电鳗释放少量的电流探路，而当发现青蛙或其他鱼类时，便会释放大量的电流将它们击晕。

磁场引路

小海龟在海滩上出生。它们根据光和磁场的提示找到海的位置。海龟一生中都离不开磁场，它们根据磁场提供的信息在海洋中游动，且方向感很强。

雷达网

电鱼能够释放电流使自己的周围形成一个雷达网一样的电场。昏暗、浑浊的河水使它们无法看清周围的情况，而此时的电场则能第一时间提醒电鱼周围是否有东西靠近。

强大的电流

电鳐的腹面上分布着蜂窝状的放电器，能瞬间释放出 220 伏特的电流，将其他鱼类击晕。

准确辨别方向

鸽子无论飞多远都能找到自己的家，从不会迷路。科学家经过一系列行为试验证明，鸽子具有磁性感知能力。

洄游的过程中，鲑鱼不仅要逆流而上，还要翻越水流湍急的瀑布，这使它们消耗了大量体能。

压 力

浮上来，沉下去

大多数硬骨鱼类都有鱼鳔，鱼鳔中充满气体，鱼类通过收放肌肉和摆动鳍来增加鱼鳔中的空气或释放空气，从而完成上浮和下沉。

超级抗压

人类常训练海狮，让它们从事深海打捞工作。一头美国特种部队训练的海狮，曾在1分钟内将沉入海底的火箭找到，并帮助人们取上来。

气压一直存在于我们周围，无论是在高海拔还是在低海拔的地方，我们都能感受到气压的存在。水中也有压力，称为“水压”。人类在没有潜水装备的情况下无法下潜到更深的海中，因为身体无法承受水下的巨大水压。

海鸥是一种常见的海洋鸟类，它们成群在海上漂浮、觅食，或在海洋上空自由翱翔。海鸥的骨骼是中空的，里面没有骨髓，充满空气，这种结构使它们能感知气压的变化，从而预测天气的变化。

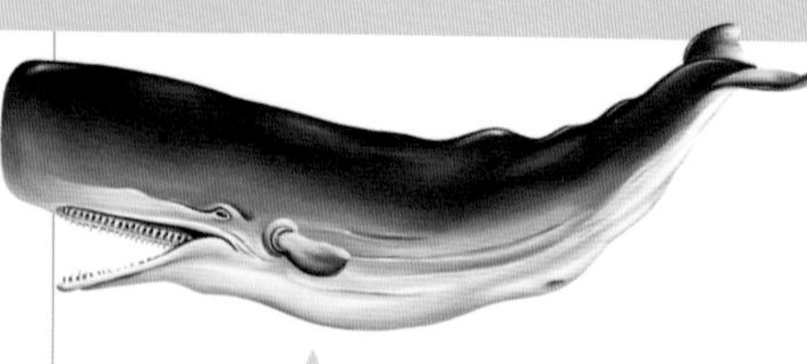

潜水冠军

抹香鲸是海洋动物中的潜水冠军。它们常潜到距海平面2000多米深的地方捕捉乌贼，而且一次能待上几个小时。

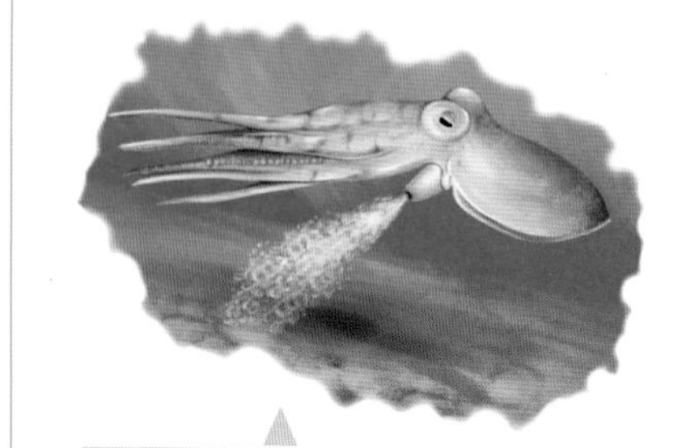

喷水前进

章鱼能把大量水吸入身体中，然后用巨大的体内压力把水排出，形成一股强大的反作用力，这种力量能让章鱼像射出的箭一样快速逃离。

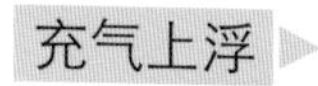

充气上浮

白天，鹦鹉螺排出壳内的气体，大门紧闭，平静地躺在海底；夜晚，它往壳内充进气体，使身体浮上水面。

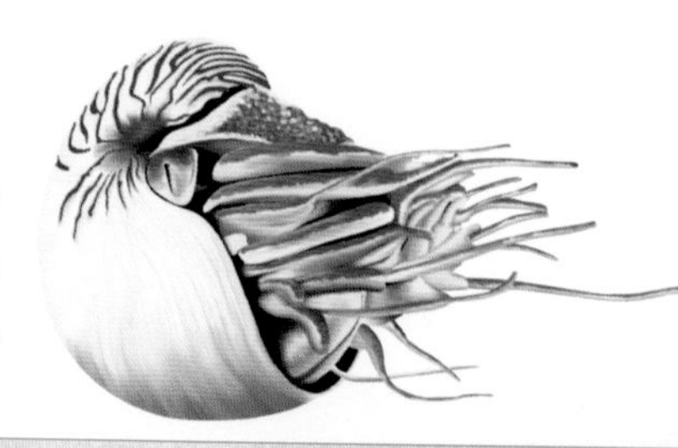

海鸥成群快乐地飞行，主要以小鱼小虾为食，同时也会吃掉人类丢在海里的食物垃圾，因此它们被形象地称为“海港清洁工”。

平衡感

剪刀状的尾巴

燕子的尾巴形状像一把张开的剪刀。它们在飞行中捕捉昆虫，不仅要上下翻飞，还要急转弯，这时它们通过摇摆尾巴来使身体保持平衡。

平衡棒

苍蝇和蚊子的后翅已经退化成一对像哑铃状的平衡棒了。这对平衡棒能在苍蝇和蚊子飞行的时候帮它们保持身体平衡。

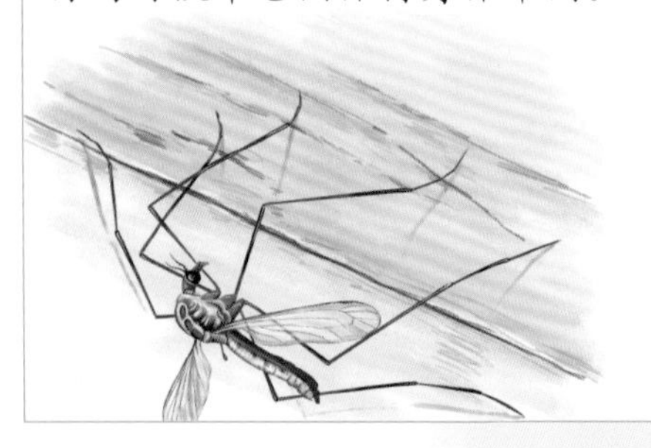

动物有很好的平衡能力，在奔跑、飞行、跳跃以及攀爬的过程中通过平衡来矫正姿势。

松鼠是活泼可爱的小动物，喜欢在高大的树木上生活。当苍鹰袭来，松鼠感到危险时，它必须快速逃跑。松鼠先绕着树干快速向上爬行，然后沿着向外伸展的树枝急速奔跑，最后它奋力一跃，跳到了一个茂密的树冠中。在整个逃跑过程中，松鼠的尾巴起到了平衡身体的作用。

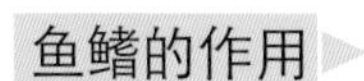

鱼身上的鳍是它们的平衡装置和动力装置，帮助鱼在上浮、下潜及游动时保持身体平衡以及提供动力。

从高处跌下

猫通常能从高处安全地落下，因为它们在跌落过程中能迅速调整身体姿态，尽量让脚先着地。在不小心从高处掉落下来时，即使是肚皮朝上，猫也能迅速转体让脚先着地，以减小受伤的风险。这得益于它们拥有的特殊平衡能力。

松鼠能用一只爪子握住树干或
用尾巴缠绕住树干使自己悬挂起来。